欢迎来到
怪兽学园

_____ 同学，开启你的探索之旅吧！

本册物理学家

墨子

献给所有充满好奇心的小朋友和大朋友。

——傅渥成

献给我的女儿豆豆和暄暄，以及一起努力的孩子们！

——郭汝荣

图书在版编目（CIP）数据

怪兽学园.物理第一课.8,怪兽大侠 / 傅渥成著；郭汝荣绘.—北京：北京科学技术出版社，2023.10
ISBN 978-7-5714-2964-5

Ⅰ.①怪… Ⅱ.①傅… ②郭… Ⅲ.①物理—少儿读物 Ⅳ.① Z228.1

中国国家版本馆 CIP 数据核字（2023）第 047055 号

策划编辑：吕梁玉		电　话：0086-10-66135495（总编室）	
责任编辑：张　芳		0086-10-66113227（发行部）	
封面设计：天露霖文化		网　址：www.bkydw.cn	
图文制作：杨严严		印　刷：北京利丰雅高长城印刷有限公司	
责任印制：李　茗		开　本：720 mm×980 mm　1/16	
出 版 人：曾庆宇		字　数：25 千字	
出版发行：北京科学技术出版社		印　张：2	
社　　址：北京西直门南大街 16 号		版　次：2023 年 10 月第 1 版	
邮政编码：100035		印　次：2023 年 10 月第 1 次印刷	
ISBN 978-7-5714-2964-5			

定　　价：200.00 元（全 10 册）

怪兽学园 物理第一课

8 怪兽大侠

光学

傅渥成◎著　　郭汝荣◎绘

北京科学技术出版社
100层童书馆

　　为了赢得"怪兽学园摄影大赛"的冠军，阿成和飞飞准备了很久。两只小怪兽将取景地选在了学校附近的一片竹林，准备拍摄一组以"怪兽大侠"为主题的照片。

为了这次拍摄，飞飞穿上了妈妈精心制作的服装。阿成也披上了斗篷，戴上了墨镜，全副武装。二人带上从阿成爸爸那里借来的相机，一同向竹林深处走去。

这位小兄弟请留步，纵然你戴着墨镜，也不可直接观察日食啊。

天气晴朗，万里无云。隐居在这片竹林中的墨子正在活动筋骨。忽然，墨子听见自己身后传来脚步声。他一回头，正好看见匆匆走来的阿成和飞飞。

　　墨子知道这天中午会有日食发生，所以看到阿成戴着墨镜时，他误以为阿成是来观察日食的。

日食的三种类型

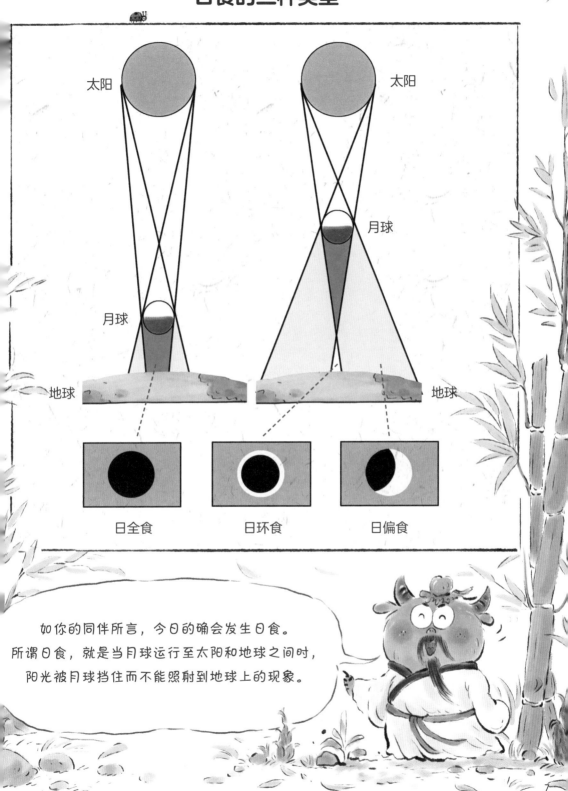

太阳　　太阳

月球

月球

地球　　地球

日全食　　日环食　　日偏食

如你的同伴所言，今日的确会发生日食。
所谓日食，就是当月球运行至太阳和地球之间时，
阳光被月球挡住而不能照射到地球上的现象。

"二位如果对日食感兴趣，可以移步到鄙人竹林深处的家中，我知道观察日食的绝佳方法。"墨子随即向他们发出了邀请。阿成和飞飞一路跟随墨子来到他家门前。

在茂密的竹林中，有一片空地。阳光从竹叶的缝隙透过，在地面上留下一个个圆形的亮斑。

很快，日食开始了。神奇的事情随之发生了，地面上的光斑原本是圆形的，这会儿突然变成了月牙形的。

接着，天越来越黑，地面上的光斑也继续发生着变化，阿成始终将相机对着地面，不断拍摄变化的光斑。不一会儿，天几乎完全黑了下来，地面上也看不到任何光斑了。

又过了没多久，日食结束了，太阳渐渐出来了，地面上的光斑又变成了圆形的。飞飞若有所思："我知道了！阿成拍摄的这些光斑的形状和太阳的一样吧？"墨子欣慰地点了点头。

两只小怪兽争抢着把照片排成一排，尝试从中发现日食的秘密。

墨子带阿成和飞飞来到了一个很黑的房间，房间的墙壁上有一个很小的孔。阿成和飞飞从小孔往外看，能看到屋外的风景。墨子让二人在屋内等候，自己却跑到屋子外面去了。

阿成和飞飞赶紧看向小孔对面的墙壁，他们惊奇地发现，这面墙壁上出现了一个倒立的"墨子"，那个倒立的"墨子"还在向两人招手。

墨子一回到房间，阿成和飞飞就上前把他围了起来，他们迫不及待地想让墨子进行"魔术"揭秘。

这就是小孔成像。之所以会出现这种现象，
是因为物体发出的光会沿着直线传播。

小孔成像

　　将一块带有小孔的板放在墙与物之间，墙上就会出现物的倒立实像，我们把这种现象叫作小孔成像。前后移动中间的板，墙上像的大小会随之发生变化，小孔成像说明光沿直线传播。

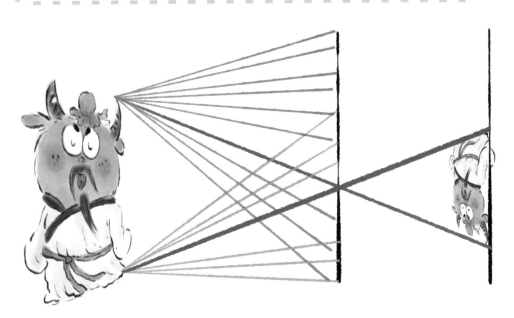

　　墨子头顶反射的光线沿直线向各个方向传播，其中向斜下方传播的光线会穿过小孔，照在墙壁的下部；他衣服下摆反射的光线同样沿直线向各个方向传播，其中向斜上方传播的光线会穿过小孔，照在墙壁的上部。这样一来，墙壁上就留下了墨子倒立的像。

值得注意的是，墙上的不是我的影子，而是我的像。

影子是光线被遮挡之后形成的；像是光的传播形成的。

那光的传播方向会发生改变吗？

墨子拿来一支激光笔和一面镜子，分别交给阿成和飞飞。他先让阿成按亮激光笔*，只见激光笔发射出的光照在墙壁上，留下了一个光点。随后，他又让飞飞将镜子放到光点的前方。结果，激光的传播方向发生了改变。

*注：激光笔会伤害眼睛，不要轻易使用哟！

当然会！你们看，
镜子让光的传播方向发生了改变。
这种现象叫作光的反射。

光的反射

光从一种介质射向另一种介质的界面时返回原介质的现象，称为光的反射。

除了反射以外，光还可以发生折射，折射时光的传播方向也会发生改变。墨子做了一个非常简单的演示，他将一支笔插进水杯中，笔看起来就像被折断了一样。

你们看！

光的折射

光从一种介质斜射入另一种介质的时候，光的传播方向会发生改变，这种光在不同介质的交界面发生偏折的现象称为光的折射。

光在同种不均匀介质中也会发生偏折，这也是折射。

例如，在燃烧的炉火旁，度变化让空气变得不均匀，们眼前的景物似乎会晃动。

在沙漠和海边出现的海市蜃楼，也都是由于类似的原因而产生的。

光的折射？

阿成仿佛想到了什么。他记得，牛顿曾经跟他分享过一个大发现。

那天，在实验室，牛顿说……

不同颜色的光在发生折射时，偏折的程度不同。因此，三棱镜可以分解成红橙黄绿蓝靛紫7种颜色的这种特殊的折射现象叫作色散。

哇！

找到了！

24

这……这不就是彩虹吗？所以我们平时看到的彩虹，也是光的折射形成的吗？

的神奇三棱镜！

我明白了！彩虹通常出现在雨后的天空中或瀑布、喷泉周围，这些地方的空气中有很多小水滴，它们可以使阳光发生折射和反射，把阳光分解成红橙黄绿蓝靛紫7种颜色的光，于是我们就看到了彩虹。

牛顿是何人？竟有如此高深的见解，妙哉妙哉！

时候不早了，阿成和飞飞准备告别墨子返程了。一旁的墨子有些沮丧，这一下午跟阿成和飞飞相处得太愉快了，久居山林的他很久没有体会到这种开心的感觉了。飞飞看出了他的失落，连忙叫住了阿成："阿成！我们的照片还没有拍呢！我们和墨子拍一张照片吧！"

"好主意！墨子就是我们要拍的怪兽大侠！"阿成架起相机三脚架。墨子见状，连忙从柜子里找出两套衣服，拿给阿成和飞飞，让他们换上。"3、2、1，茄子！""咔嚓！"

墨子（约前 468—前 376）

　　墨子是中国古代著名的思想家、物理学家、政治家和军事家。墨子生活在春秋末期战国初期，曾提出"兼爱""非攻"等哲学思想，是百家争鸣时期墨家学派的代表人物。墨子在力学、光学和几何学等领域都有许多重大贡献，他在《墨经》中介绍了力的概念和杠杆原理，描述了小孔成像现象，在人类历史上首次阐述了光沿直线传播的性质。